BEI GRIN MACHT SICH IHR WISSEN BEZAHLT

- Wir veröffentlichen Ihre Hausarbeit, Bachelor- und Masterarbeit

- Ihr eigenes eBook und Buch - weltweit in allen wichtigen Shops

- Verdienen Sie an jedem Verkauf

Jetzt bei www.GRIN.com hochladen und kostenlos publizieren

Bibliografische Information der Deutschen Nationalbibliothek:

Die Deutsche Bibliothek verzeichnet diese Publikation in der Deutschen National-
bibliografie; detaillierte bibliografische Daten sind im Internet über http://dnb.d-
nb.de/ abrufbar.

Impressum:

Copyright © 2016 GRIN Verlag, Open Publishing GmbH
Druck und Bindung: Books on Demand GmbH, Norderstedt Germany
ISBN: 9783668347526

Dieses Buch bei GRIN:

http://www.grin.com/de/e-book/344407/elastische-bettung-eines-betonpflasterstei-
nes-fem-berechnung-mit-2d-platten

Roland Schmidt

Elastische Bettung eines Betonpflastersteines. FEM-Berechnung mit 2D-Platten- und 3D-Volumenelementen

GRIN Verlag

Inhaltsverzeichnis

FEM-Analyse eines elastisch gebetteten Betonpflastersteines

Es soll ein Betonpflasterstein mit den Abmessungen 300 mm * 300 mm * 100 mm mit einer kreisförmigen Flächenlast von 1.375 N/mm^2 belastet werden.
Der Stein wird auf sandigem Untergrund mit einer Bettungszahl von 3000 N/m*m*m elastisch gebettet. Wie groß sind die zulässigen Biegespannungen?

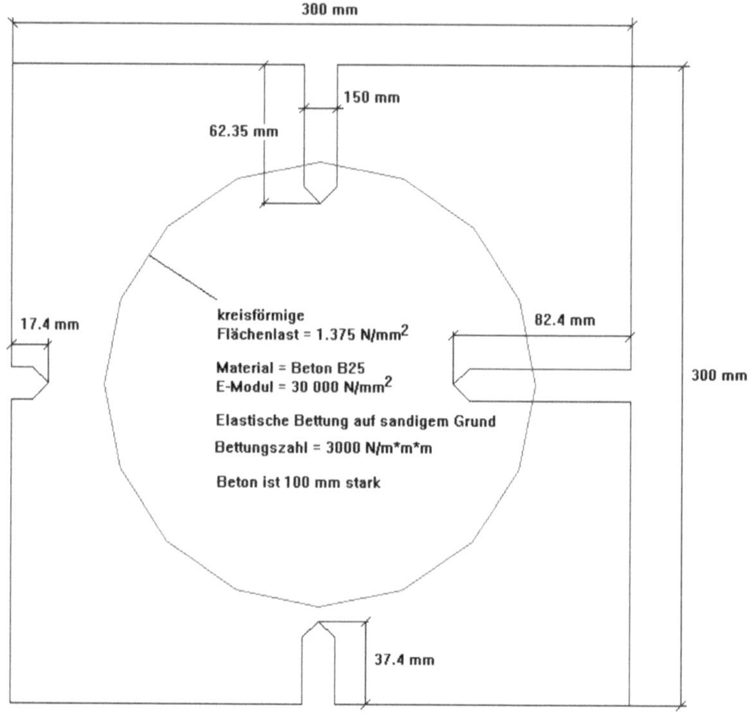

Erzeugung des Linienmodells

Mit dem Icon wird die CAD-Iconleiste aufgerufen. Geben Sie jetzt mit dem Icon
folgenden Startpunkt und 4 Endpunkte ein:

Startpunkt: 0, 0, 0
Endpunkt: 300, 0, 0
Endpunkt: 300, 300, 0
Endpunkt: 0, 300, 0
Endpunkt: 0, 0, 0

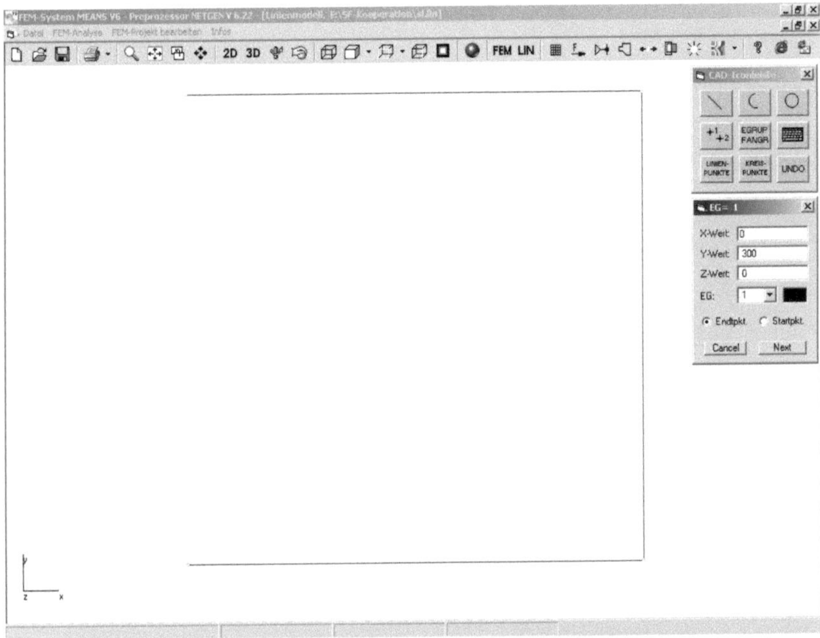

Netzgenerierung

Mit dem Icon ▦ wird die Iconleiste für Netzgenerierung angezeigt.

Mit dem Icon ▦ wird eine Netzgenerierung nach dem Abbildungsverfahren (siehe Kapitel 1, Seite 25) gewählt.

Geben Sie in der nächsten Dialogbox folgende Werte ein:

Eckpunkte: A = 4; B = 1; C = 3; D = 2

Elementtyp: PLA4S

Elementdichte: 40

und wählen „Netz generieren" um ein FEM-Netz mit 1600 PLA4S-Elemente und 1681 Knotenpunkte zu generieren.

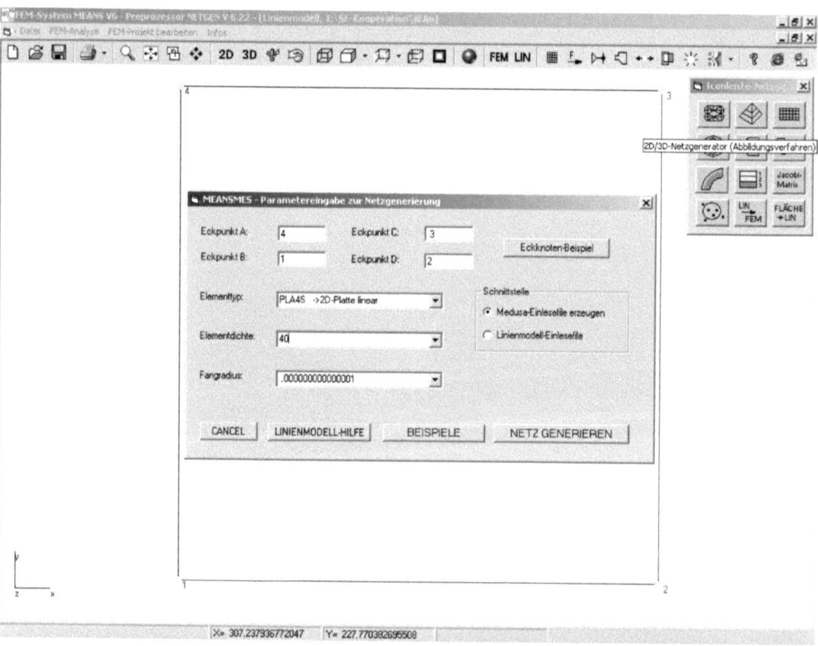

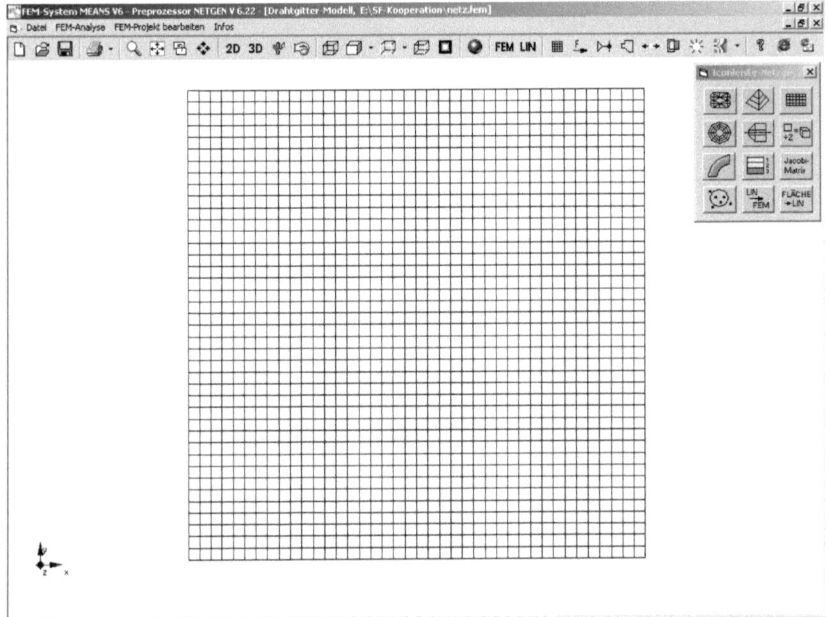

FEM-System MEANS V6 - Preprozessor NETGEN V 6.22 - [Drahtgitter-Modell, E:\SF-Kooperation\netz.fem]
Datei   FEM-Analyse   FEM-Projekt bearbeiten   Infos
2D 3D
FEM LIN
Iconleiste-Netzgen
Jacobi-Matrix
LIN
FEM
FLÄCHE
LIN
z   x
5
X= 391.173380035026   Y= 162.346760070053

Einkerbungen erzeugen

1.) Elemente löschen

mit dem Icon ✦ ✦ wird die Iconleiste für Manipulationen aufgerufen und mit ⟶⟵ die
Elemente entsprechend der Skizze auf der vorderen Seite aus dem Netz herausgelöscht.

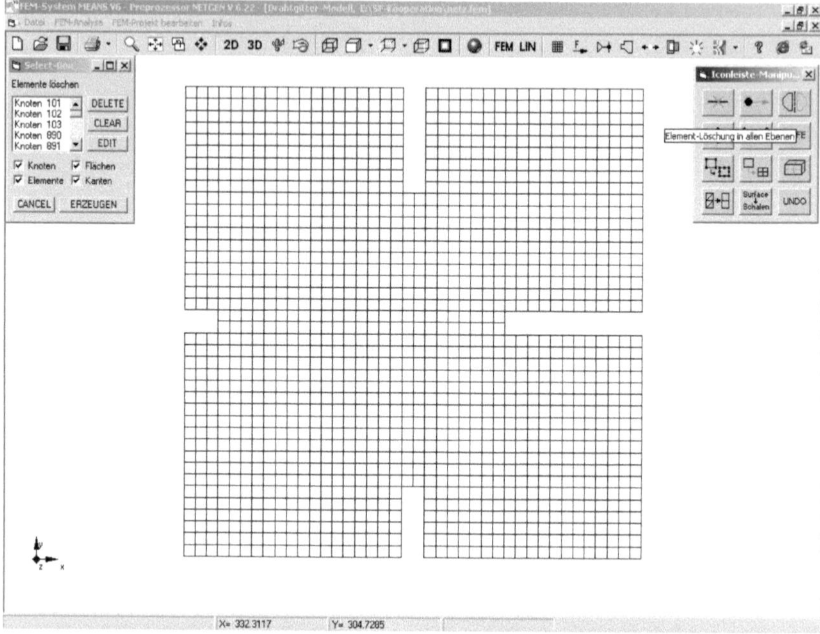

Nach der Löschung wird mit dem Icon ⊙ der Netz-Iconleiste die Struktur gesäubert, d.h.
es wird eine neue Knoten- und Elementnumerierung erzeugt.

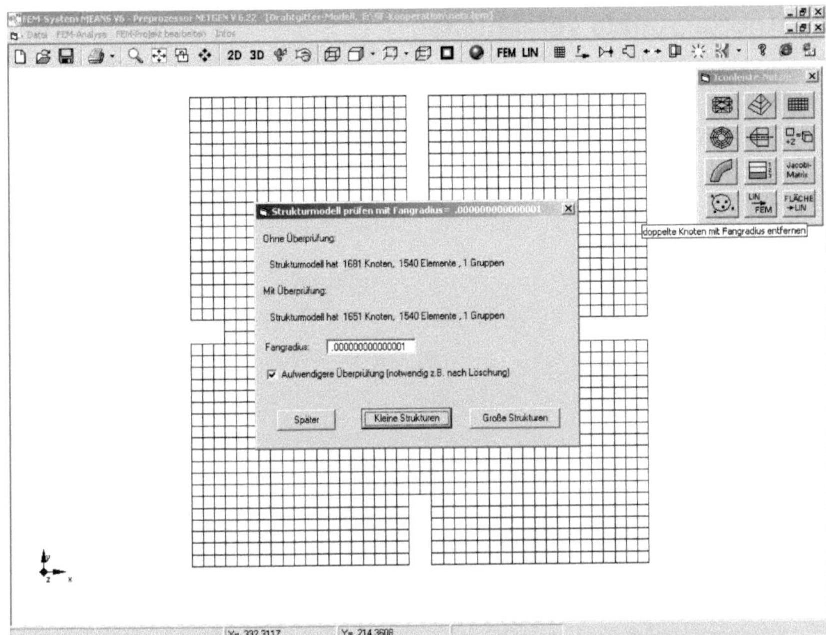

2.) Knotenpunkte verschieben

Zum Schluß werden die Spitzen der Einkerbungen mit dem Manipulations-Icon 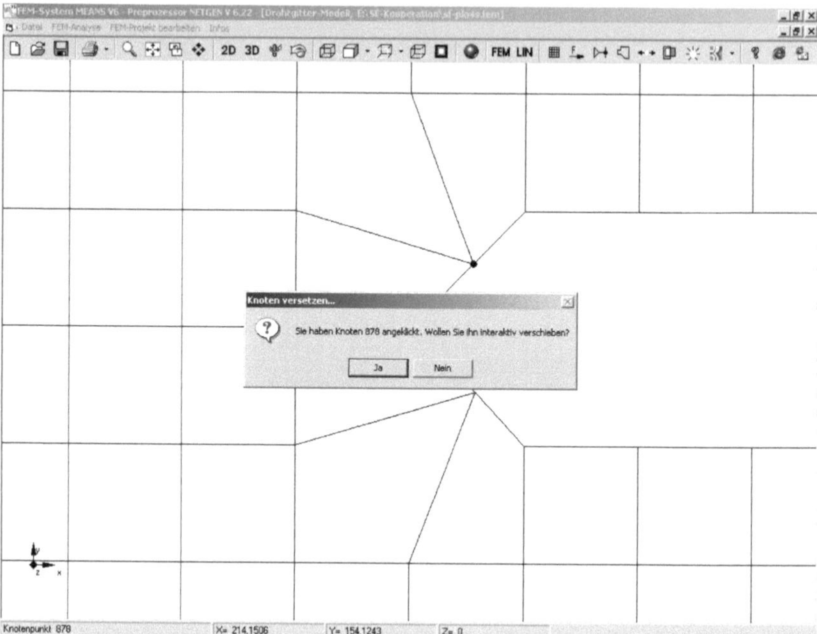 erzeugt. Um genauer die Knotenpunkte verschieben zu können wird der zu bearbeitende Modell-Bereich zuerst mit dem Icon auf den gesamten Bildschirm vergrößert.

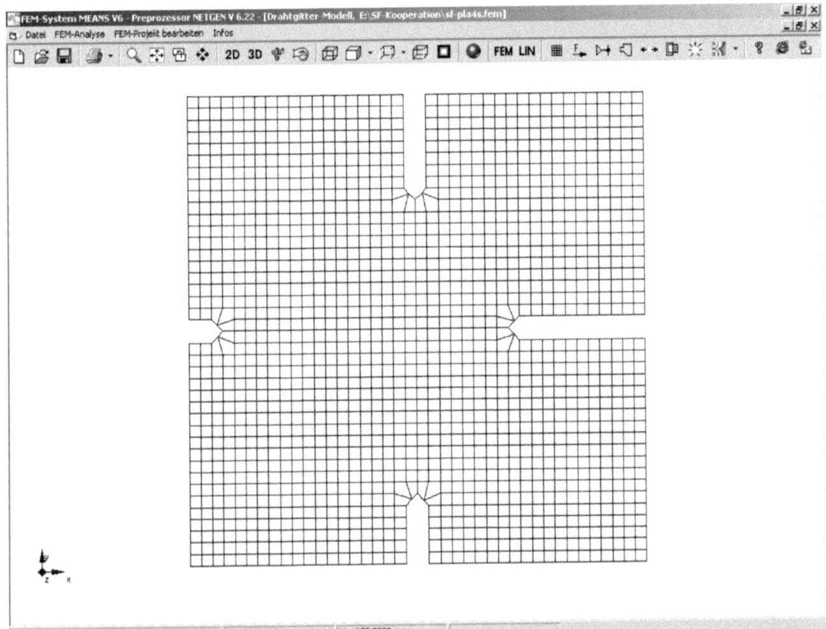

Elastische Bettung erzeugen

Der Betonpflasterstein wird auf sandigem Untergrund in z-Richtung elastisch gebettet.

Bodenart	Bettungsmodul N/m*m*m
Sand	**3000 – 10 000**
Lehmboden (nass – trocken)	**20 000 – 100 000**
Kiese mit Sand (fein – grob)	**80 000 – 200 000**
Grober Kies, sehr fest gelagert	**200 000 – 250 000**

Aus der Tabelle wird eine Bettungszahl von 3000 N/m*m*m gewählt.

Wählen Sie jetzt mit dem Icon ⋈ aus der Ansichtsleiste die RB-Iconleiste an.

Klicken Sie in der RB-Iconleiste zuerst das Icon ⊥ für eine elastische Bettung in z-Richtung an dannach auf "Erzeugen".

In der nächsten Dialogbox klicken Sie bitte zuerst die Option „Typ=4: Bettungszahl" an und geben den Wert von 3000 ein, dannach klicken Sie auf „Markieren Sie einen Ausschnitt".

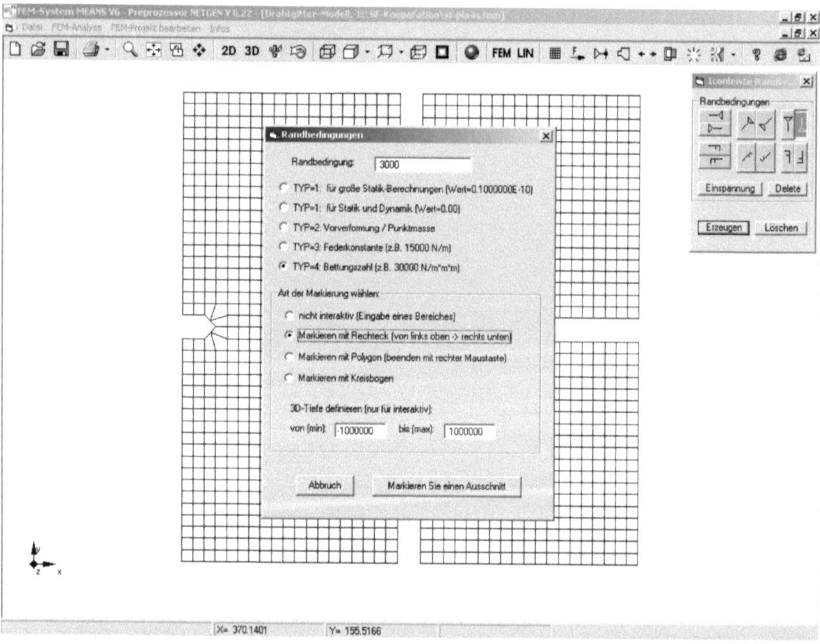

Ziehen Sie nun über das gesamte Modell einen Rechteckrahmen auf damit alle Knotenpunkte in der Select-Box angezeigt werden. Bestätigen Sie mit „Erzeugen" in der Select-Box um die Randbedingungen zu erzeugen.

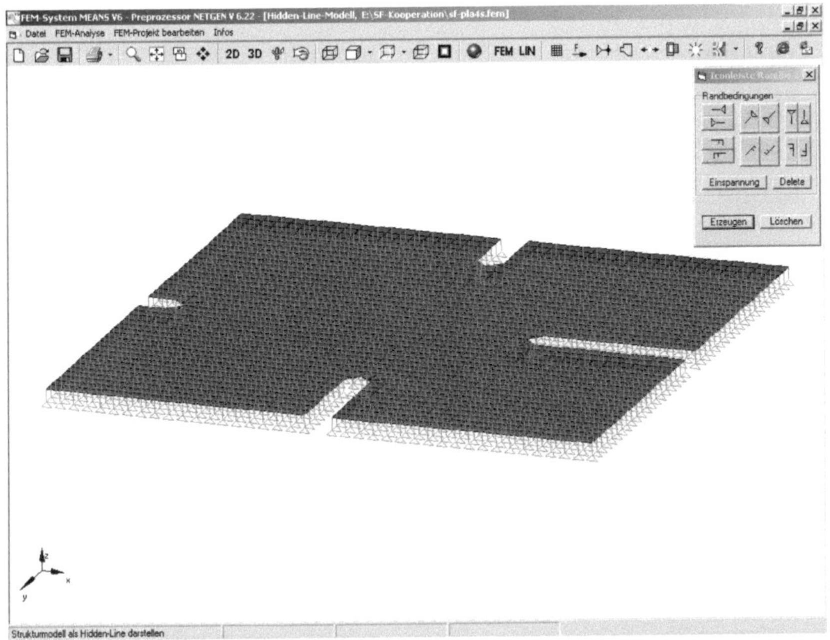

Kreisförmige Flächenlast erzeugen

Es wirkt eine Flächenlast von 1.375 N/mm² kreisförmig vom Innenradius = 0 bis zum Außenradius = 100 mm.

Wählen Sie das Icon ![F] aus der Ansichtsleiste aus um die Belastungs-Iconleiste anzuzeigen. Wählen Sie das Icon „Flächenlast" und geben einen Wert von –1.375 ein. Dannach wählen Sie die Option „Markieren mit Kreisbogen" und den Button „Markieren Sie einen Ausschnitt".

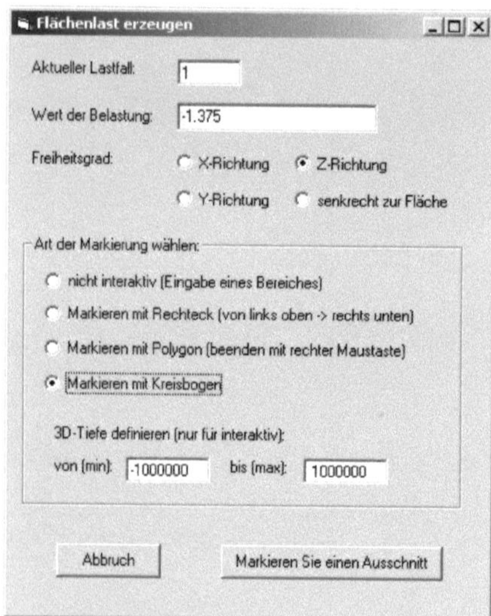

Markieren mit einem Kreis

In der nächsten Dialogbox geben Sie zuerst den Mittelpunkt x= 150, y=150, z= 0 ein sowie ein großer Radius = 110 und kleiner Radius = 0 ein und klicken auf OK um die kreisförmige Flächenlast zu erzeugen.

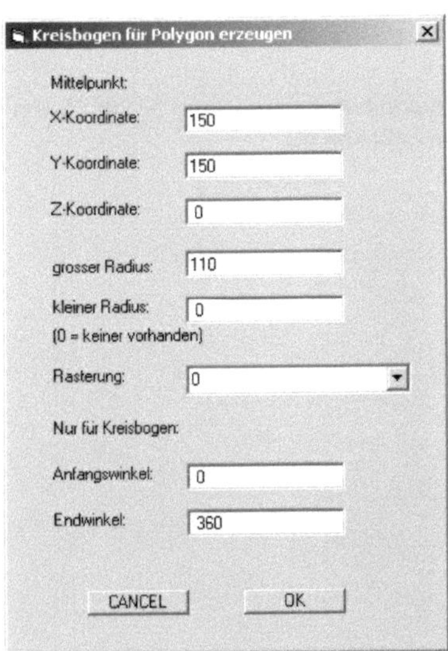

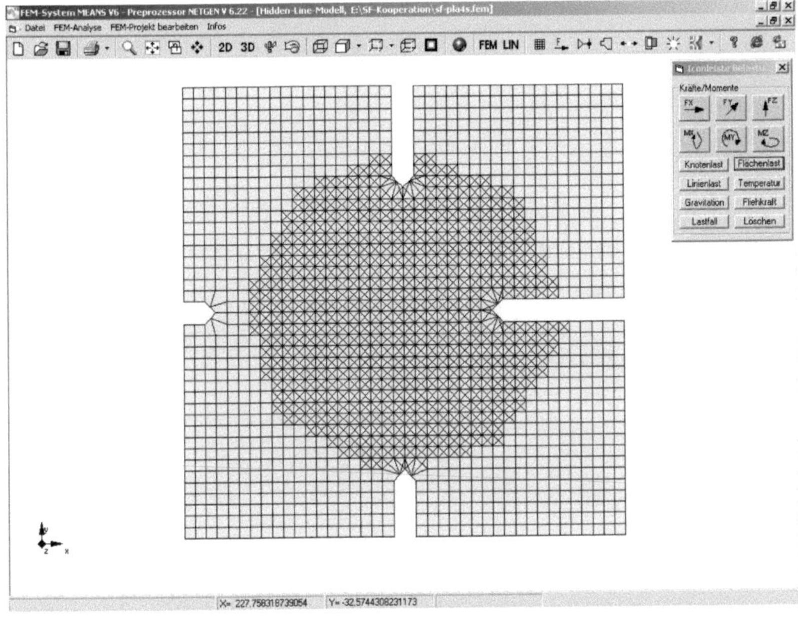

Materialdaten eingeben

**Der Betonpflasterstein besteht aus Beton B25 mit einem E-Modul von 30 000 N/mm²
und einer Höhe von 100 mm und einer Poisson-Zahl von 0.2.**

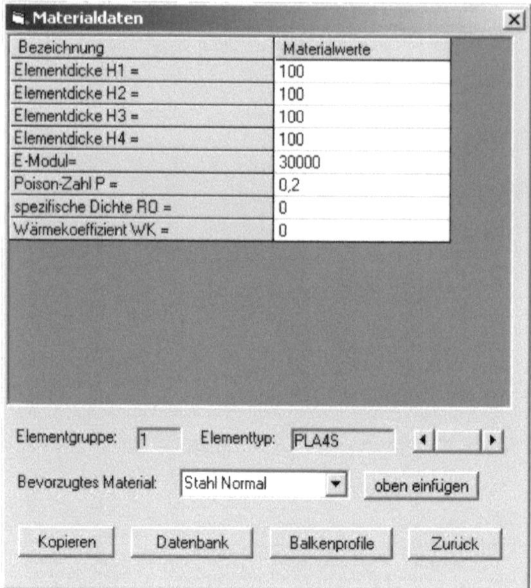

Das Modell ist jetzt fertig erstellt und kann unter einem beliebigen Namen mit dem Icon
abgespeichert werden.

FEM-Analyse

Um die Verformungen und Spannungen zu ermitteln wählen Sie das Menü "FEM-Analyse" und wieder "FEM-Analyse" aus.

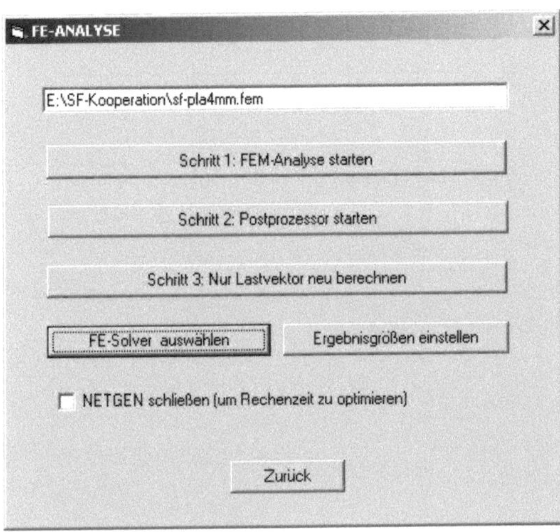

Ergebnisgrößen einstellen

Wählen Sie die Ergebnisgrößen und aktivieren Verschiebungen, Elementspannungen und Knotenspannungen. Auflagerkräfte werden nicht gebraucht außerdem rechnet der FE-Solver ohne Auflagerkräfte schneller.

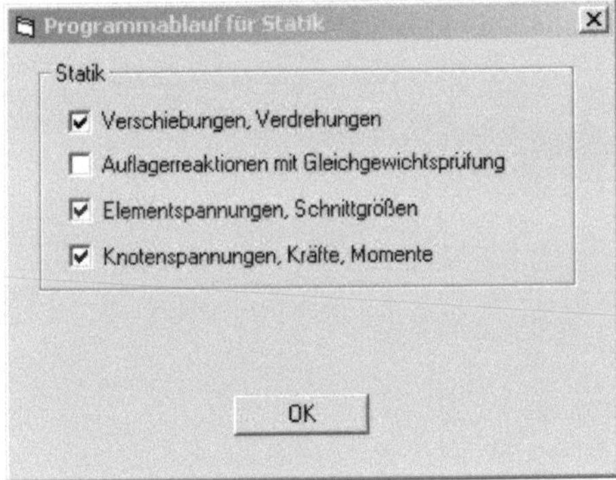

FE-Solver einstellen

Stellen Sie den ersten FE-Solver MEANS V6 ein.

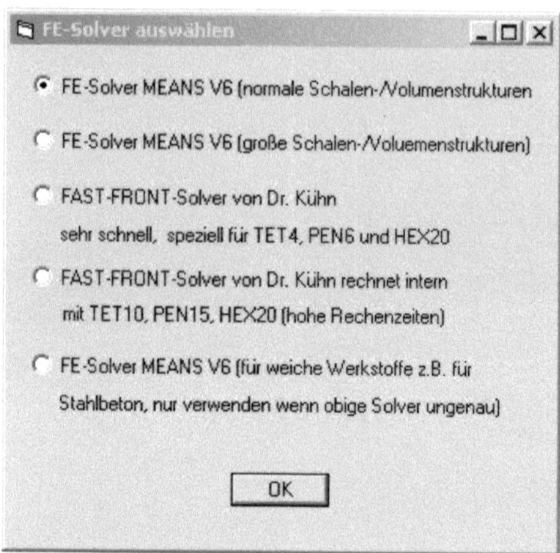

Ergebnisauswertung

Mit dem Icon 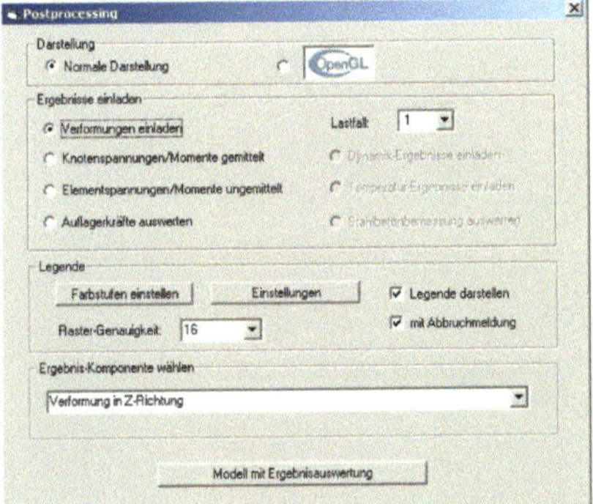 können die Komponenten der Verformungen und Spannungen in einer Dialogbox eingestellt werden.

Verformungen

Es wird eine maximale Z-Verformung von 0.0159 mm berechnet.

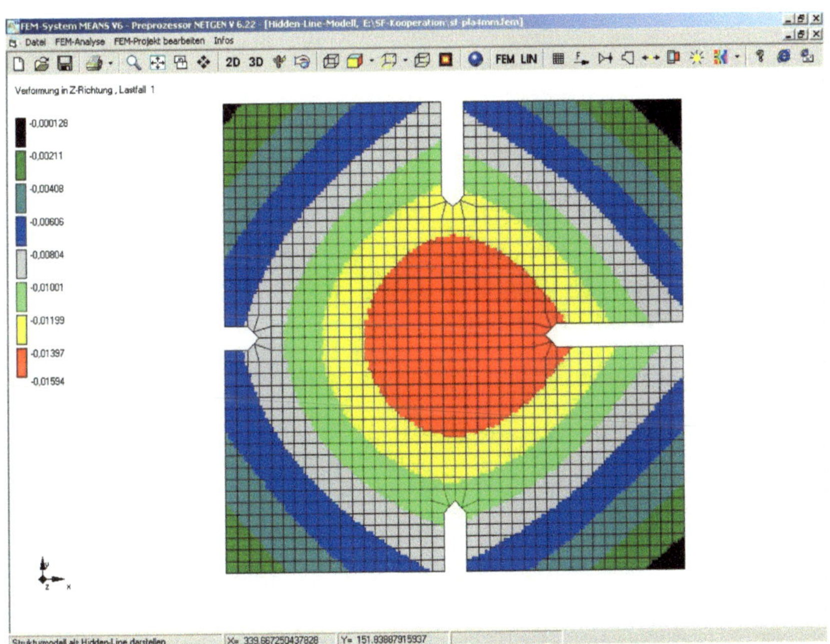

Biegespannungen

Es wird eine maximale Biegespannung von 5.687 N/mm² berechnet.

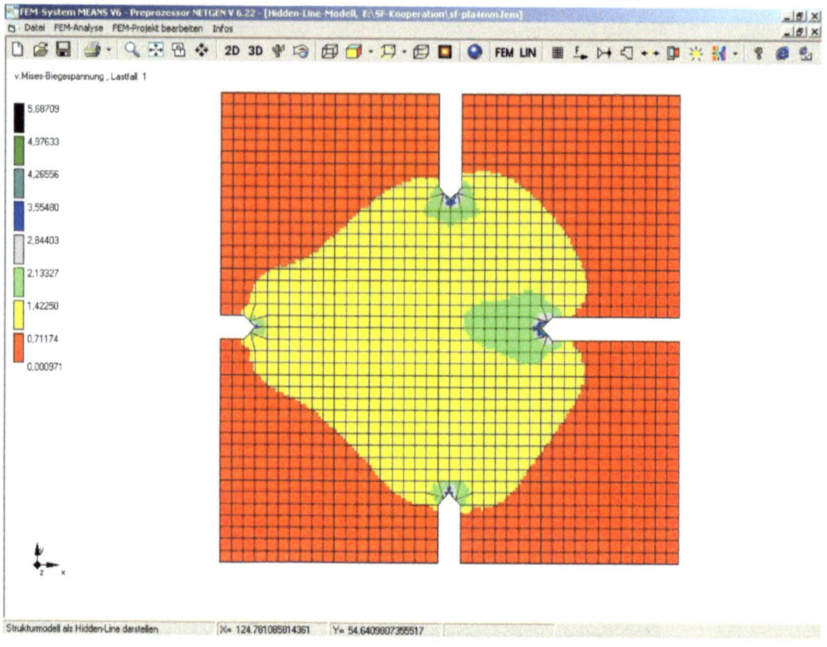

Vergleich der Mises-Biegespannung mit der zulässigen Streckgrenze von B25

Die Belastung ist zulässig, da die Mises-Biegespannung von 5.68 N/mm² unter der Streckgrenze von B25 mit 25 N/mm² liegt.

Berechnung der elastischen Bettung mit 3D-Volumenelementen

Es wird nun das vorige 2D-Netz bestehend aus 1540 PLA4S-Plattenelementen und 1651 Knotenpunkten in ein 3D-Netz mit HEX8-Volumenelementen extrudiert.

Wählen Sie dazu mit dem Icon ▦ die Netz-Iconleiste und dort das Icon für eine Z-Erhebung aus.

Übernehmen Sie die Einstellung in der ersten Dialogbox und geben in der zweiten Dialog-box eine Netzdichte von 3 und eine Z-Erhebung von 100 ein. Wählen Sie den Elementtyp HEX8 in der Vorderansicht X-Y-Ebene aus.

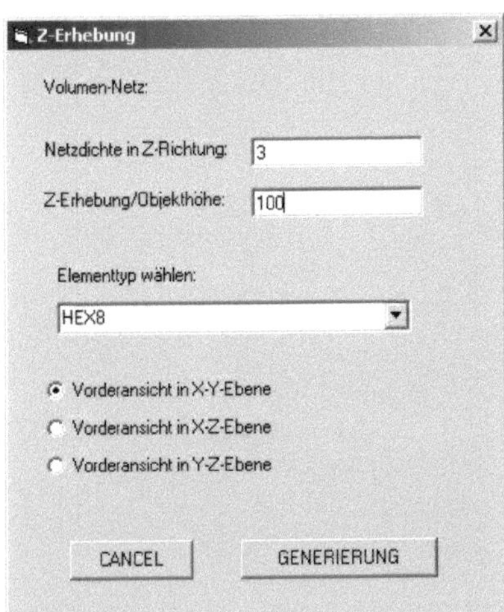

Wählen Sie jetzt „Generierung" um aus dem 2D-Netz ein 3D-Netz mit 3080 HEX8-Volumenelementen und 4953 Knotenpunkte zu erzeugen.

Anmerkung:

Damit auch MEANS-Design-Anwender (Limit liegt bei 5000 Knoten) dieses Beispiel nachvollziehen können wurde absichtlich eine niedrigere Netzdichte von 3 gewählt, normalerweise sollten MEANS-Profi-Anwender mindestens eine Netzdichte von 4 wählen, damit das Netz nicht zu grob wird.

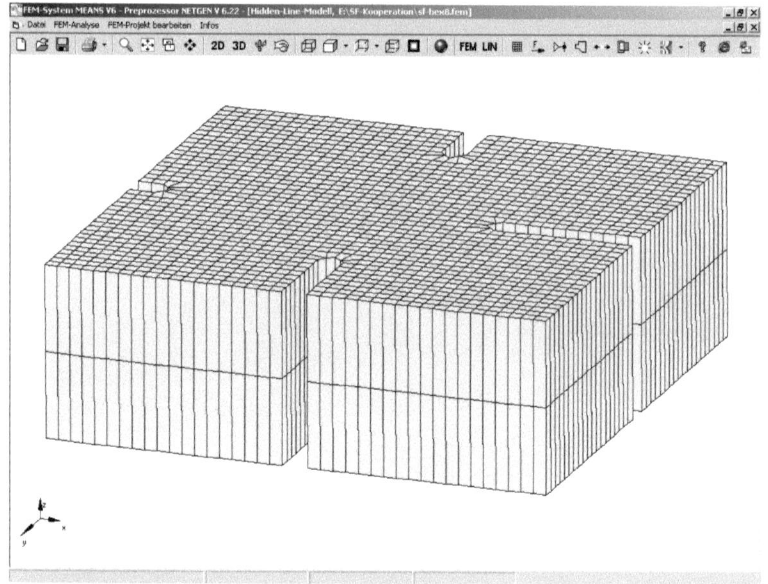

3D-Netz für MEANS-Design-Anwender

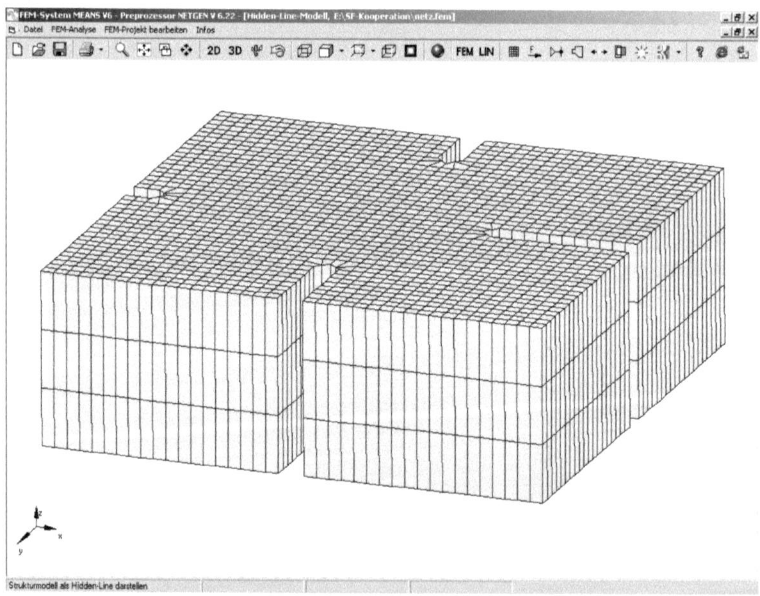

3D-Netz für MEANS-Profi-Anwender

Elastische Bettung für HEX8-Volumenelemente

Wählen Sie jetzt mit dem Icon [icon] aus der Ansichtsleiste die RB-Iconleiste an.

Klicken Sie in der RB-Iconleiste zuerst das Icon [icon] für eine elastische Bettung in Z-Richtung an dannach auf "Erzeugen".

In der nächsten Dialogbox klicken Sie bitte zuerst die Option „Typ=4: Bettungszahl" an und geben den Wert von 3000 ein, dannach klicken Sie auf „Markieren Sie einen Ausschnitt".

<u>Flächemodell darstellen</u>

Klicken Sie jetzt auf das Icon [icon] um das Flächenmodell darzustellen. Dies dauert einige Sekunden lang, dann die Fläche 4 anklicken und in der Select-Box „Erzeugen" wählen.

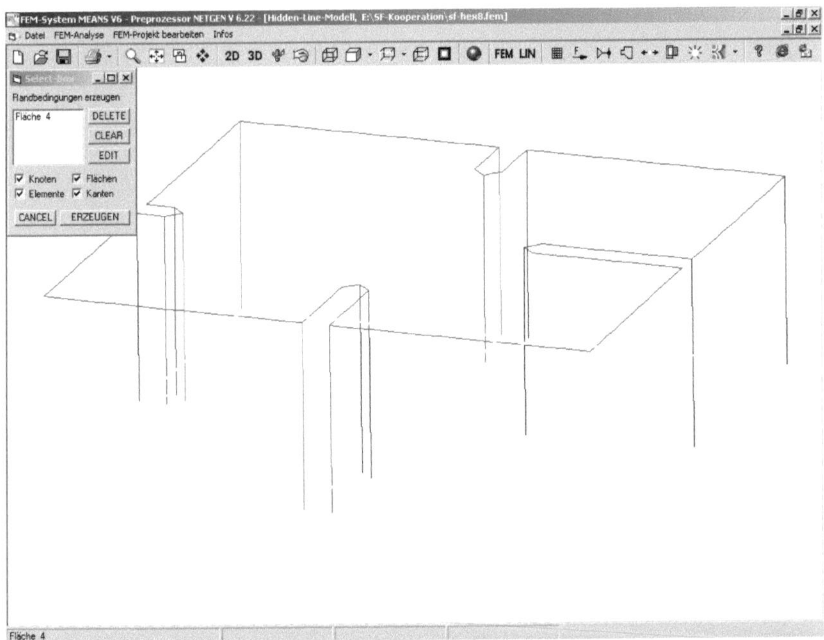

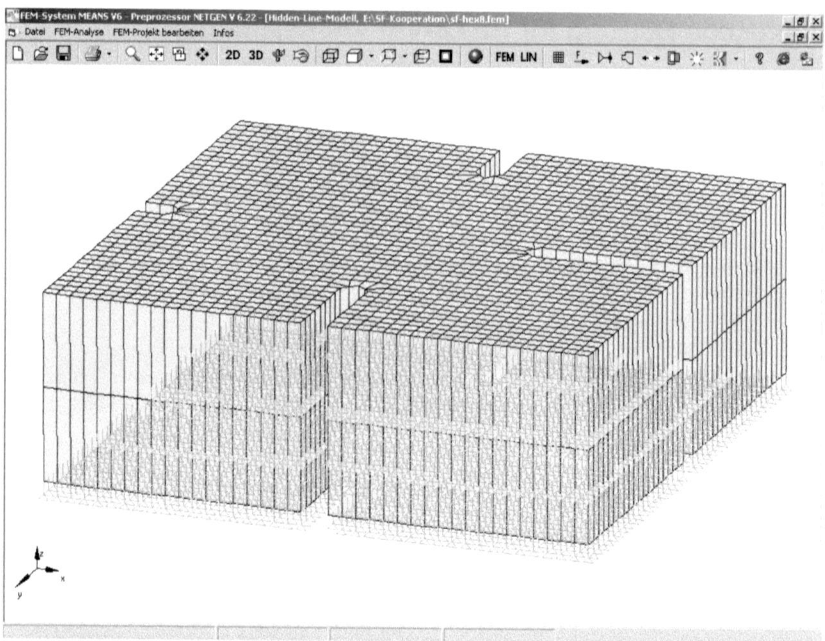

FEM-System MEANS V6 - Preprozessor NETGEN V 6.22 - [Hidden-Line-Modell, E:\SF-Kooperation\sf-hex8.fem]
Datei   FEM-Analyse   FEM-Projekt bearbeiten   Infos
2D 3D
FEM LIN
z
x
y

Flächenlast für HEX8-Volumenelemente

Stellen Sie zuerst das Modell mit dem Icon **2D** in der XY-Ebene dar, sodaß die z-Achse in den Bildschirm hineinzeigt.

Wählen Sie jetzt das Icon **F** aus der Ansichtsleiste aus um die Belastungs-Iconleiste anzuzeigen. Wählen Sie das Icon „Flächenlast" und geben einen Wert von –1.375 ein.

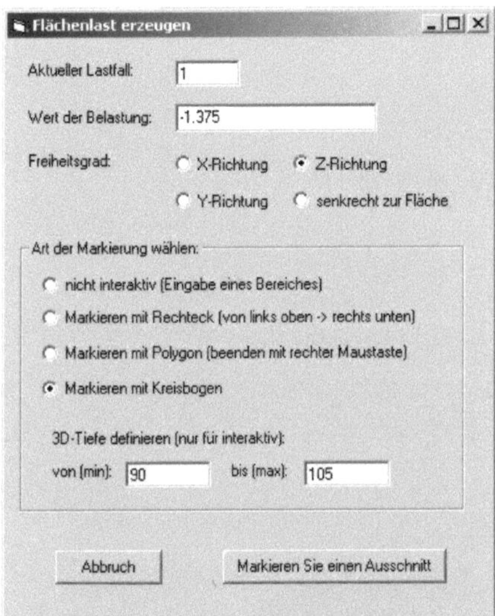

3D-Tiefe definieren

Definieren Sie eine Tiefe in z-Richtung von 90 bis 105.

Dannach wählen Sie die Option „Markieren mit Kreisbogen" und den Button „Markieren Sie einen Ausschnitt".

Geben Sie in der nächsten Dialogbox einen Mittelpunkt mit X=150, Y=150 und Z=100 ein sowie einen grossen Radius von 110 und einen kleinen Radius von 0 ein.

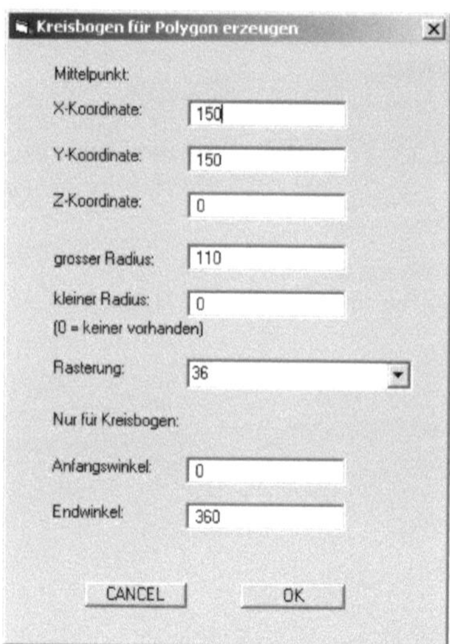

Es sollte folgende Flächenlast am Volumenmodlel entstehen:

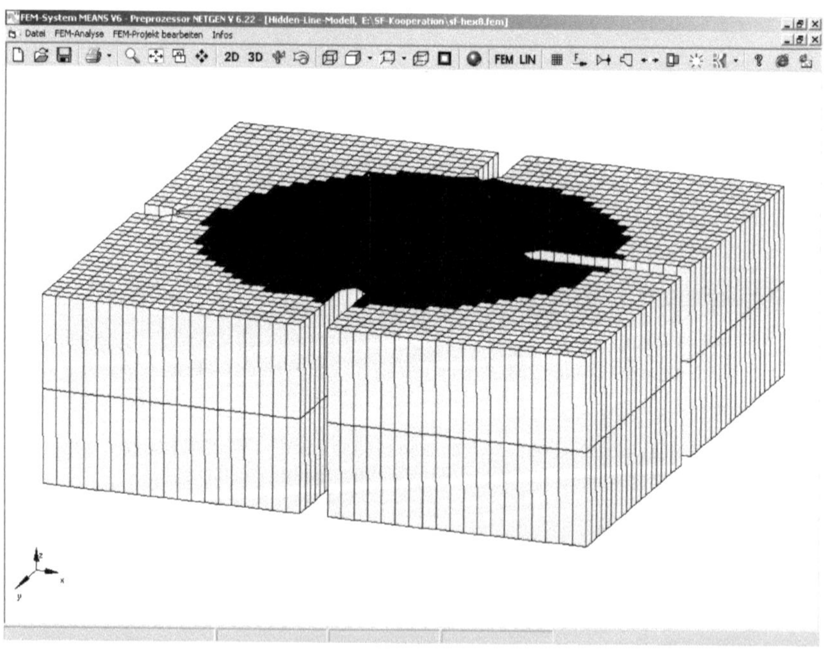

Umwandlung der Flächenlast in eine Knotenlast

Da der FE-Solver für Bettungen noch keine Flächenlast von Volumenelementen berechnen kann muß die Flächenlast in eine Knotenlast umgewandelt werden.
Dazu wählen Sie bitte „FEM-Projekt bearbeiten" und „Belastungen" aus.
Dort wählen Sie das Menü „Flächenlast ->Knotenlast" und wählen Lastfall 1 sowie in z-Richtung aus. Die neue Lastfall-Nummer mit Knotenlast ist 2.
Dannach wählen Sie das Menü „Lastfälle löschen" und löschen die Flächenlast mit den Lastfall 1.

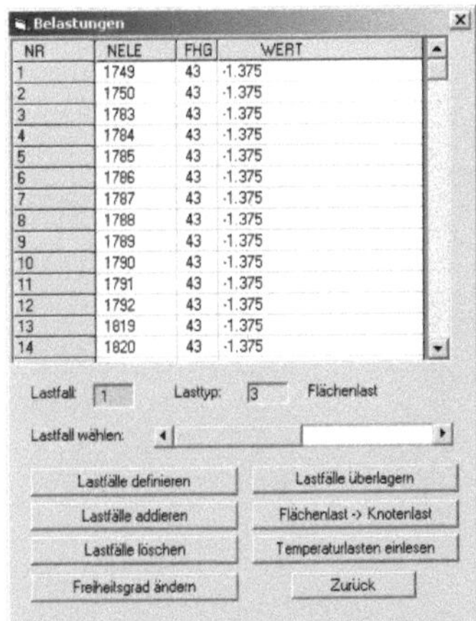

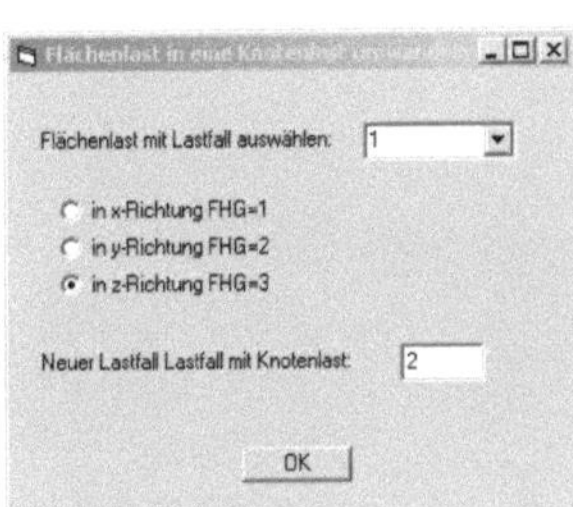

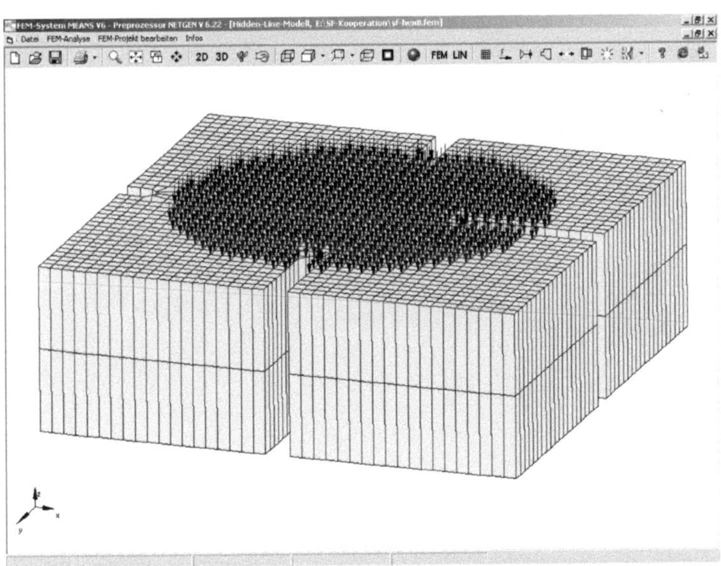

Materialdaten für HEX8-Volumenelement

**Der Betonpflasterstein besteht aus Beton B25 mit einem E-Modul von 30 000 N/mm²
und und einer Poisson-Zahl von 0.2.**

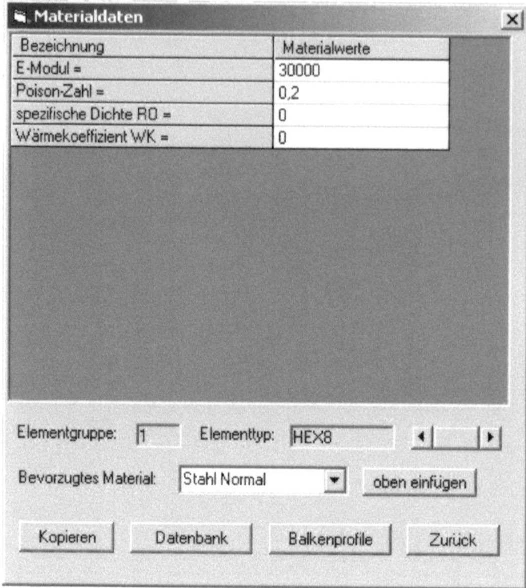

Das Modell ist jetzt fertig erstellt und kann unter einem beliebigen Namen mit dem Icon
abgespeichert werden.

FEM-Analyse

Führen Sie jetzt die gleiche FEM-Analyse wie beim PLA4S-Plattenelement ausführlich beschrieben:

Schritt 1: Wählen Sie den FE-Solver MEANS V6
Schritt 2: Stellen Sie die Ergebnisgrößen ein
Schritt 3: Starten Sie den FE-Solver

Ergebnisauswertung für Volumenelemente

Mit dem Icon können die Komponenten der Verformungen und Spannungen in einer Dialogbox eingestellt werden.

Verformungen

Es wird eine maximale Z-Verformung von 0.0159 mm berechnet.

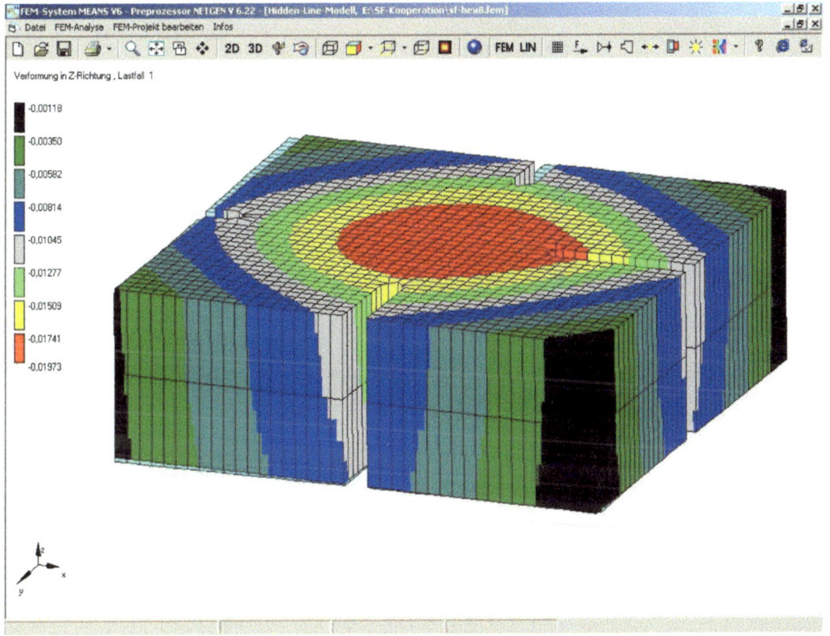

Mises-Vergleichsspannung

Es wird eine maximale Mises-Vergleichsspannung von 5.956 N/mm^2 berechnet.

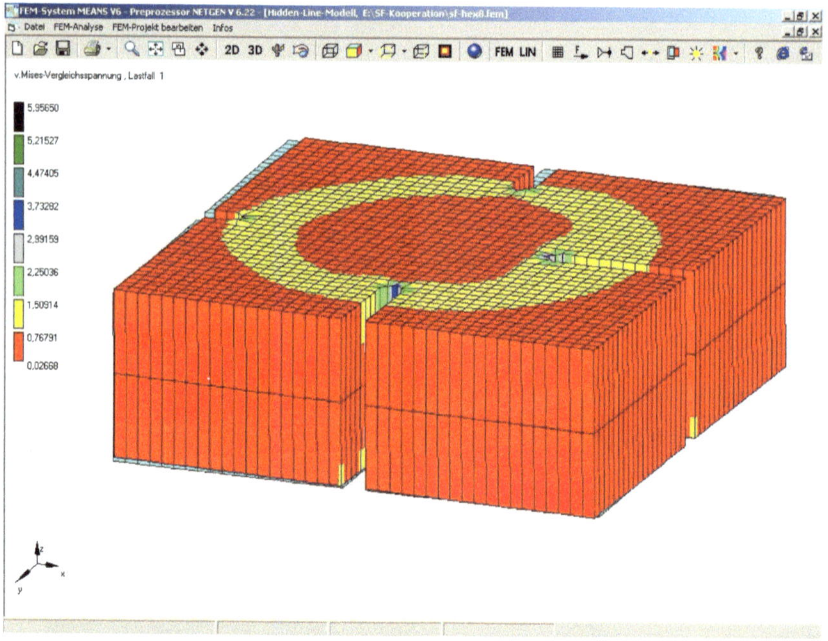

Vergleich der Mises-Vergleichsspannung mit der zulässigen Streckgrenze von B25

Die Belastung ist zulässig, da die Mises-Vergleichsspannung von 5.95 N/mm^2 unter der Streckgrenze von B25 mit 25 N/mm^2 liegt.